Hala Hamdy Abd El-Gawad
Mohamed El-Menshawi Hussein Shalabi
Naglaa Ahmed El–Hussiny

Redução do minério de manganês egípcio pela brisa de coque em diferentes formas

Hala Hamdy Abd El-Gawad
Mohamed El-Menshawi Hussein Shalabi
Naglaa Ahmed El–Hussiny

Redução do minério de manganês egípcio pela brisa de coque em diferentes formas

Redução α Energia de ativação

ScienciaScripts

Imprint
Any brand names and product names mentioned in this book are subject to trademark, brand or patent protection and are trademarks or registered trademarks of their respective holders. The use of brand names, product names, common names, trade names, product descriptions etc. even without a particular marking in this work is in no way to be construed to mean that such names may be regarded as unrestricted in respect of trademark and brand protection legislation and could thus be used by anyone.

Cover image: www.ingimage.com

This book is a translation from the original published under ISBN 978-3-659-97410-6.

Publisher:
Sciencia Scripts
is a trademark of
Dodo Books Indian Ocean Ltd. and OmniScriptum S.R.L publishing group

120 High Road, East Finchley, London, N2 9ED, United Kingdom
Str. Armeneasca 28/1, office 1, Chisinau MD-2012, Republic of Moldova, Europe
Printed at: see last page
ISBN: 978-620-7-74132-8

Conteúdo

RECONHECIMENTO

Os autores desejam agradecer à **LAMBERT Academic Publishing** pela produção deste livro. Gostaríamos de expressar os nossos sinceros agradecimentos ao Dr. **F.M,Mohamed**

Instituto Central de Investigação e Desenvolvimento Metalúrgico, (CMRDI). Cairo, Egipto.

Professora assistente da Universidade King Khalid, Faculdade de Ciências e Artes para raparigas. Sarat Abida. Arábia Saudita, pela supervisão e ajuda durante toda a investigação.

Parte 1

**ESTUDO DA REDUTIBILIDADE DO MINÉRIO DE MANGANÊS EGÍPCIO
DE BAIXO TEOR
POR CARVÃO DE COQUE EM FORMA DE BRIQUETE**

Capítulo 1

Introdução

O manganês desempenha um papel importante em várias aplicações industriais, como a produção de aço, a preparação de aditivos alimentares, a produção de baterias de carbono-zinco, fertilizantes, células e produtos químicos finos, bem como corantes para tijolos, corantes e medicamentos (1-4). O consumo mundial anual de manganês é superior a 1.300.000 toneladas anuais e está destinado a aumentar. Os minérios de baixo teor estão a merecer uma atenção crescente devido ao desenvolvimento das tecnologias de exploração (2)

A utilização do minério de manganês de baixo grau tornou-se necessária. Existem várias diferenças físico-químicas entre os componentes dos minérios de manganês, que podem ser utilizadas para o enriquecimento do manganês. Em particular, os abundantes minérios de manganês de baixa qualidade, que contêm óxido de ferro, podem ser melhorados por pré-redução e separação magnética (5).

O manganês desempenha um papel crucial na indústria do ferro e do aço. Como elemento de liga, melhora a força, a tenacidade, a capacidade de endurecimento, a trabalhabilidade e a resistência à abrasão dos produtos ferrosos, especialmente do aço. Cerca de 90 a 95 de todo o manganês produzido no mundo é utilizado na produção de ferro e aço sob a forma de ligas como o ferromanganês e o silicomanganês.

O manganês tem duas propriedades importantes na produção de aço: a sua capacidade de se combinar com o enxofre para formar MnS e a sua capacidade de desoxidação. Atualmente, cerca de 30% do manganês utilizado na indústria siderúrgica é utilizado pelas suas propriedades de formador de sulfuretos e de desoxidante. Os restantes 70% do manganês são utilizados apenas como elemento de liga (6). Bo Zhang et al. (7) utilizaram um forno tubular de carbono de alta temperatura para a redução de pellets de minério de manganês contendo carbono. Os resultados experimentais mostraram que, a taxa de reação no estágio inicial foi controlada pelas reações químicas entre FeO, MnO e carbono como redutor, e a energia de ativação foi de 28,85 KJ/mol. Na fase posterior, como o redutor de carbono substituído por CO, a taxa de reação foi controlada pela difusão de CO em produtos sólidos, e a energia de ativação correspondente foi de 86,56 KJ/mol. A taxa de reação da fase posterior foi inferior à da fase anterior.

O objetivo do trabalho foi estabelecer a taxa de redução, os mecanismos e as condições para a redução no estado sólido de minério de manganês de baixo grau por carbono sólido na gama de temperaturas de 600 a 950^0 C.

Capítulo 2

Trabalho experimental
2.1. Características das amostras

O minério de manganês de baixo teor utilizado neste trabalho foi fornecido pela Sinai ferromanganese Co. e a brisa de coque foi fornecida pela Iron and Steel Company, Helwan, Egipto. As amostras de minério com baixo teor de manganês e de brisa de coque foram submetidas a análises químicas e de raios X. A análise química do manganês de baixo grau é ilustrada no Quadro 1 (4) e a análise do coque de brisa é ilustrada no Quadro 2

Quadro 1.   Análise química do minério de manganês egípcio de baixo teor

Constituent	Weight %
Fe total	23.2
K_2O	0.25
Al_2O_3	2.3
MgO	0.95
CaO	2.4
P	0.2
Mn	28.6
SiO_2	15.3
Na_2O	0.2

Tabela 2. Análise química da brisa de coque

Constituent	Weight %
Ash	10.26%
V.M	1.08%
S	1.04%
Fixed Carbon	86.992

A análise de raios X do minério de manganês de baixo teor é ilustrada na Fig.1. A partir da qual é claro que o minério de manganês de baixo grau consiste principalmente em pirolusite, hematite e quartzo.

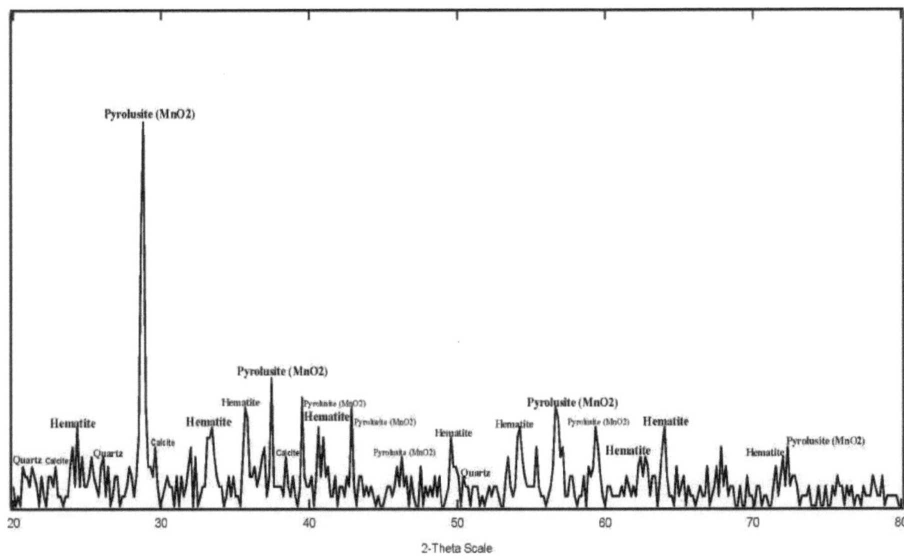

Fig.1. Análise de raios X do grau de fluidez do minério de manganês.

Enquanto a análise de raios X da brisa de coque é ilustrada na Fig.2. A partir da qual é claro que consiste principalmente em grafite e quartzo (SiO_2).

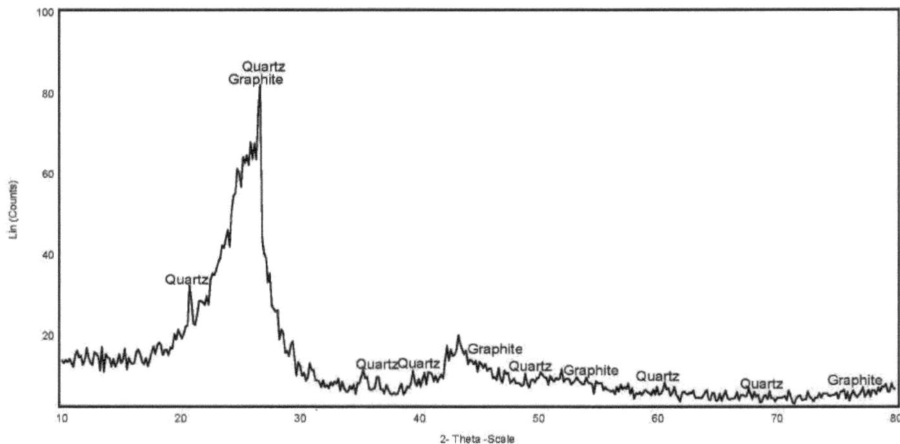

Fig.2. Análise de raios X da brisa de coque.

2. 2. Procedimentos experimentais
2.1.1. Preparação das amostras

O minério de manganês de baixo grau e a brisa de coque foram triturados num moinho vibratório até ficarem em pó com um tamanho inferior a 75 micrómetros. O pó de minério de manganês de baixa qualidade e o pó de coque de brisa foram misturados com 2% de melaço e, *em seguida, prensados no molde (12 mm de diâmetro e 22 mm de altura) utilizando a prensa hidráulica MEGA.KSC-10.* Sob diferentes pressões (a pressão varia entre 75 MPa e 250 MPa). *Os briquetes produzidos foram* submetidos a testes de resistência a danos por queda (testes de número de queda) e testes de resistência à compressão (testes de resistência ao esmagamento). O número de queda indica quantas vezes um briquete verde pode ser deixado cair de uma altura de 46 cm antes de apresentar fissuras perceptíveis ou esfarelar. Dez briquetes verdes são deixados cair individualmente sobre uma placa de aço. O número de quedas é determinado para cada briquete. A média aritmética dos valores do comportamento de esfarelamento dos dez briquetes dá o número de gotas (8-9)

2.1.2. Procedimentos de redução

A redução dos briquetes de minério de manganês de baixo teor com coque de brisa foi efectuada num aparelho termogravimétrico. Este esquema é semelhante ao apresentado noutros locais (8,10) (Figura 3). Consistia num forno vertical, numa balança eletrónica para monitorizar a alteração de peso da amostra em reação e num controlador de temperatura. A amostra de briquetes foi colocada num cadinho de níquel-crómio que estava suspenso sob a balança eletrónica por um fio de Ni-Cr. A temperatura do forno foi aumentada até à temperatura pretendida (650° C - 950° C) e mantida constante a ±5° C. De seguida, as amostras foram colocadas na zona quente. O caudal de azoto foi de 0,5 l/min durante a passagem pelo forno em todas as experiências. . O peso da amostra foi registado continuamente no final do ensaio; as amostras foram retiradas do forno e colocadas nos exsicadores.

A percentagem de redução foi calculada de acordo com as seguintes equações:

Percentagem de redução = [(Wo -Wt) *16*100/ 28Massa de oxigénio]   [1]

Onde:

Wo: o peso inicial da amostra de briquetes, g.

Wt: peso da amostra após cada tempo t. g.

Massa de oxigénio: indica a massa de oxigénio em percentagem no minério de manganês de baixo grau sob a forma de FeO, Fe O_{23} e óxido de manganês.

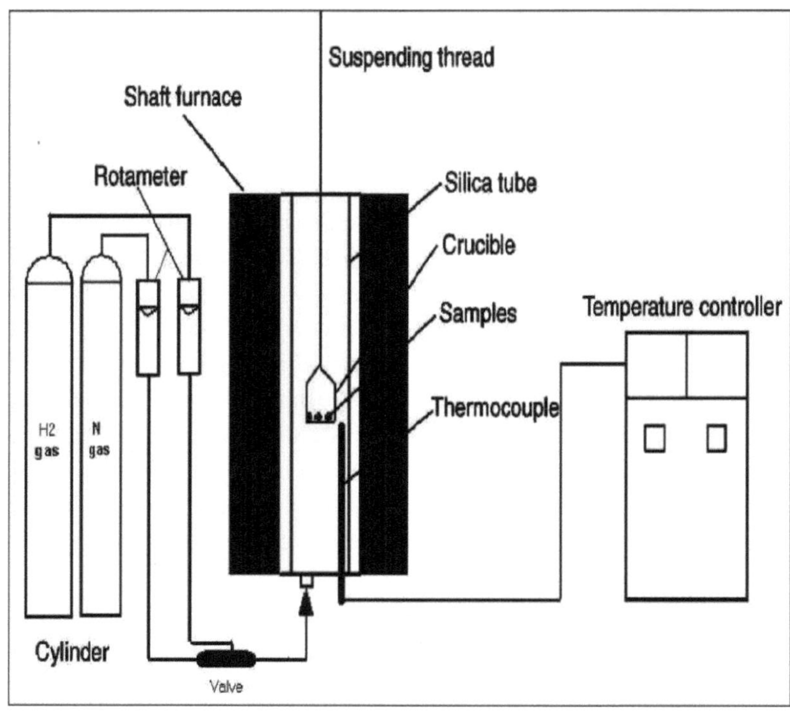

Figura 3. Diagrama esquemático do aparelho de redução

Capítulo 3

Resultados e discussões

3.1. Efeito da adição de materiais de brisa de coque na qualidade dos briquetes produzidos

As Figs. 4-5 ilustram o efeito da percentagem de brisa de coque adicionada na resistência ao dano por queda e na resistência à compressão do briquete verde (a carga de prensagem é constante = 216,8 MPa.). É evidente que, à medida que a percentagem de materiais de brisa de coque aumenta, tanto a resistência aos danos por queda como a resistência à compressão diminuem.

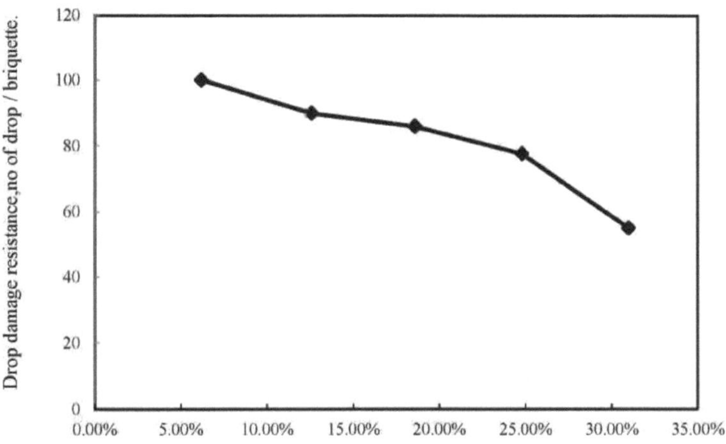

Fig. 4 Relação entre a percentagem de brisa de coque adicionada e a resistência ao dano por queda dos briquetes produzidos.

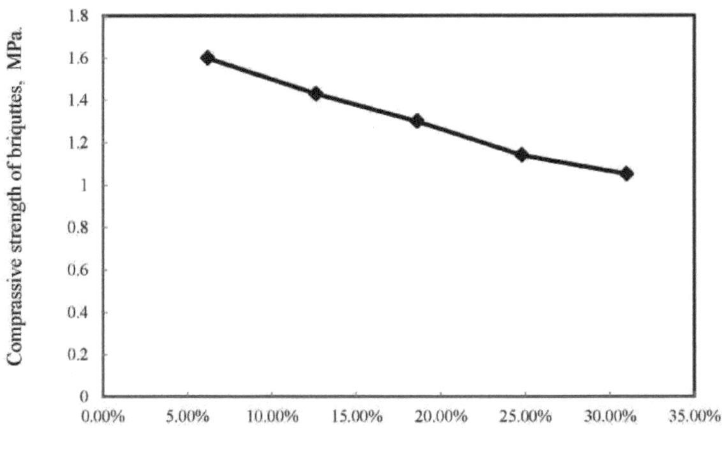

Fig. 5 Relação entre a percentagem de brisa de coque adicionada e a resistência à compressão dos briquetes produzidos.

3.2. Efeito da adição de materiais de brisa de coque no grau de redução dos briquetes de minério com baixo teor de manganês produzidos

A Fig. 6 ilustra a relação entre o grau de redução do minério de manganês de baixo teor e a quantidade de brisa de coque utilizada quando a redução foi efectuada a temperatura constante (900° C) e peso constante da amostra; é evidente que à medida que a percentagem de brisa de coque aumenta, a percentagem de redução aumenta. A partir da mesma figura, também é claro que a redução não atingiu 100% (isto significa que a redução não foi atingida até ao ferro metálico), o que se deve ao facto de a temperatura da reação não ser suficiente para atingir o ferro metálico.

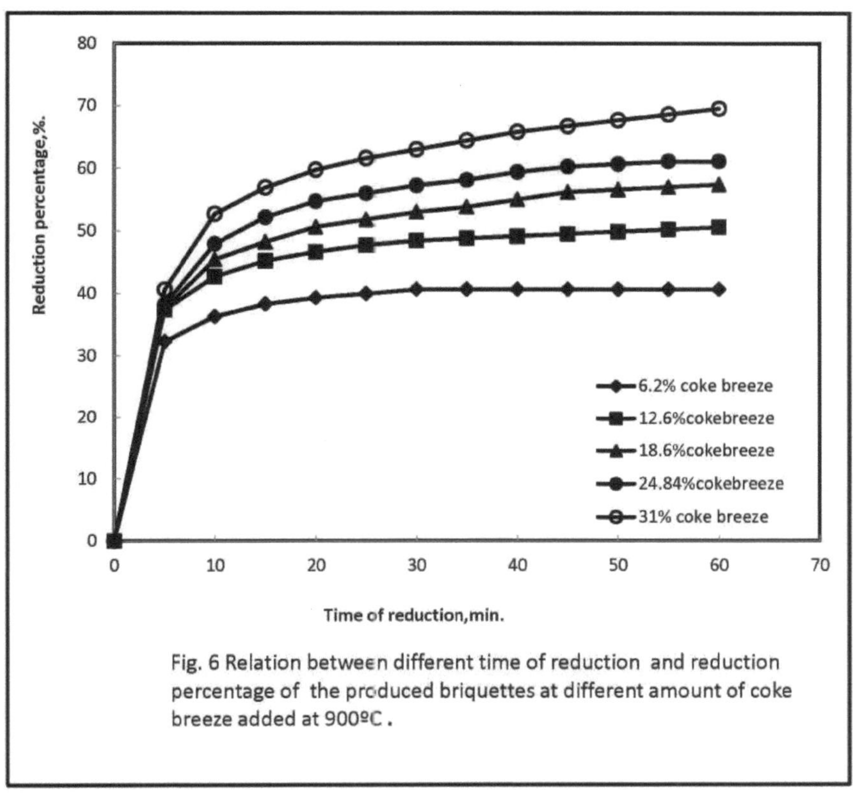

Fig. 6 Relation between different time of reduction and reduction percentage of the produced briquettes at different amount of coke breeze added at 900ºC .

3.3. Efeito da alteração da temperatura no grau de redução do briquete de minério de manganês de baixo teor

Os resultados da investigação da mudança de temperatura são apresentados na figura 7. É evidente que o aumento da temperatura favorece a taxa e o grau de redução. A análise das curvas investigadas relacionando a percentagem de redução e o tempo de redução dentro do trabalho investigado mostra que cada curva tem 2 valores diferentes de taxas de redução. O primeiro valor é alto, enquanto o segundo é um pouco mais lento. O aumento da percentagem de redução com o aumento da temperatura pode dever-se ao aumento do número de moles em reação com excesso de energia, o que leva ao aumento da taxa de redução (11-12). Também o aumento da temperatura leva a um aumento da taxa de transferência de massa da difusão e da taxa de dessorção (8,12 - 15).

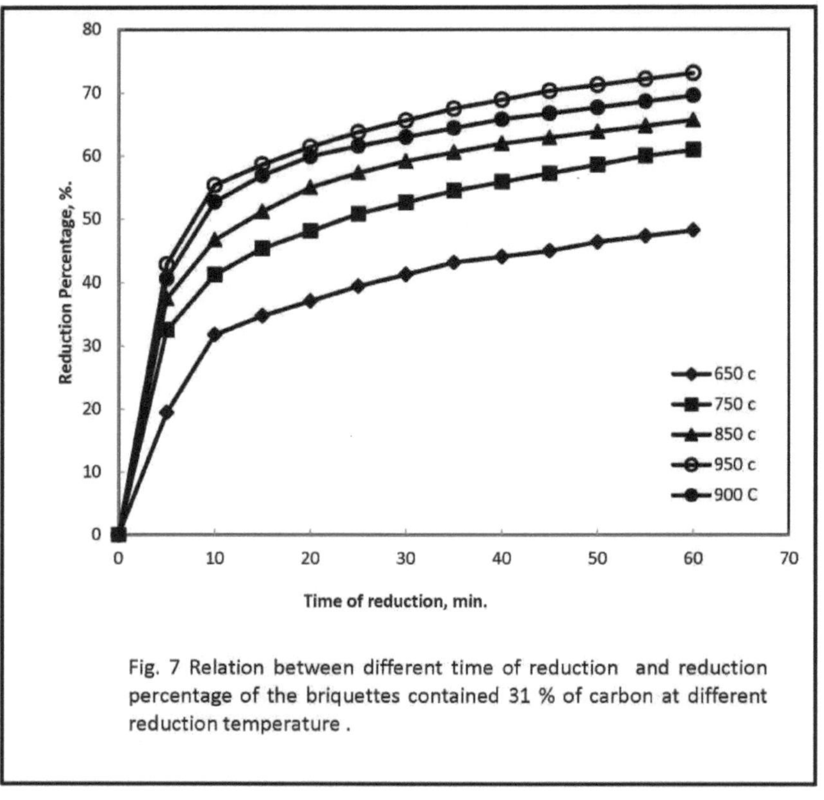

Fig. 7 Relation between different time of reduction and reduction percentage of the briquettes contained 31 % of carbon at different reduction temperature .

3.4. *Cinética de redução do briquete de manganês de baixo teor*

A partir da figura 7, é evidente que existem três taxas, pelo que tentámos aplicar dois modelos

    a.   modelo de volume de contratação (16)

$$1-(1-R)^{1/3}=kt \qquad \text{------------------- (2)}$$

    b.   Modelo de reação em estado sólido (16)

    $R+(1-R) \ Ln \ (1-R) =kt$ ------------------(3) Reação no estado sólido (20)Khawam
    A. e Flanagan D.R. "Solid State Kinetic Models" J. Phys. Chem. B, 2006, 110
    (35)., 17315 - 17328

Onde k é a constante da taxa de redução

R é a fração de redução t é o tempo de reação , min A Figura 8 ilustra a relação entre $1-(1-R)^{/3}$ e o tempo de redução no intervalo de tempo 5-60 min. A partir desta figura é claro que a relação é aproximadamente linear.

Enquanto a figura 9 ilustra a relação entre o segundo modelo R+ (1-R) Ln (1-R) com o tempo de redução no mesmo intervalo de 5-60 min. Os resultados são uma linha reta mais perfeita do que a anterior e R^2 tem um valor muito elevado.

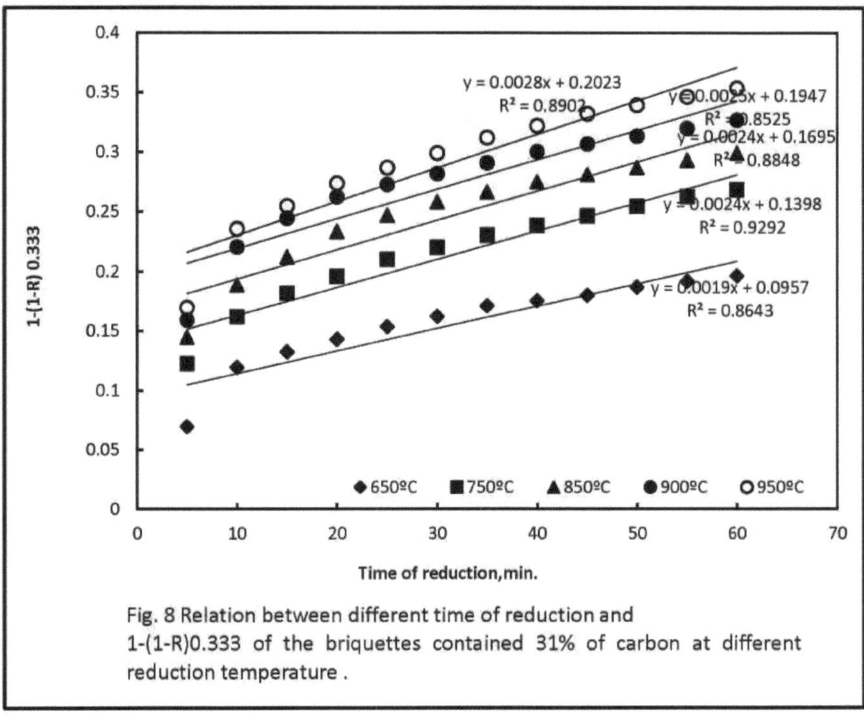

Fig. 8 Relation between different time of reduction and 1-(1-R)0.333 of the briquettes contained 31% of carbon at different reduction temperature .

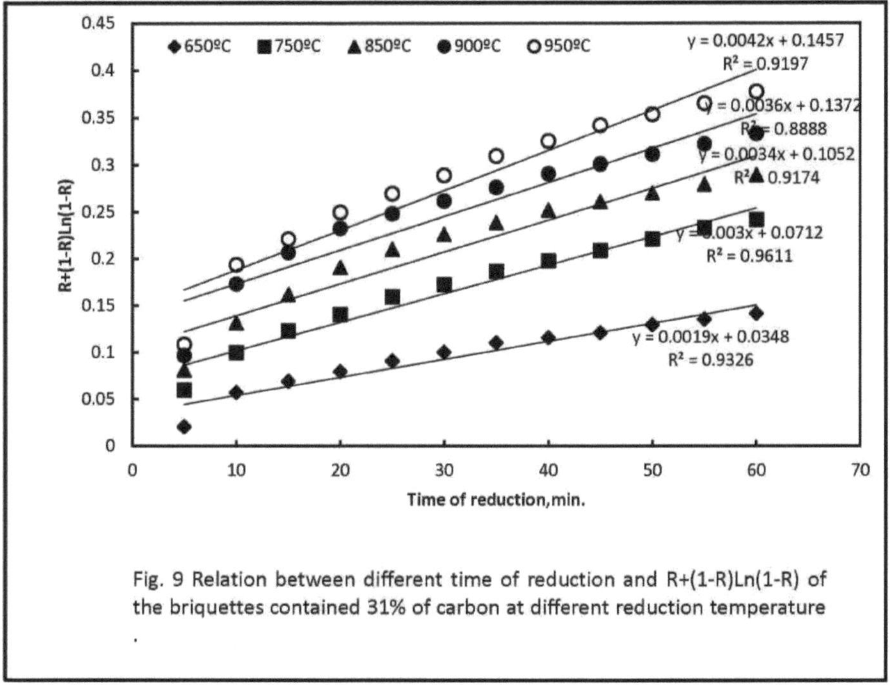

Fig. 9 Relation between different time of reduction and R+(1-R)Ln(1-R) of the briquettes contained 31% of carbon at different reduction temperature

A equação de Arrhenius foi utilizada para calcular as energias de ativação da reação de redução, utilizando a constante de velocidade k calculada.

$$k = k_0 \exp\left(-\frac{E}{RT}\right) \quad \text{-----------------} \quad (4)$$

$$\ln k = \ln k_0 - \frac{E}{RT} \quad \text{-----------------} \quad (5)$$

Onde k_0 é o coeficiente pré-exponencial; E é a energia aparente de ativação da redução (kJ/mol); R é a constante universal dos gases ($8,314 \times 10^{-3}$ kJ/mol-K); T é a temperatura absoluta (K). A relação entre o logaritmo natural da constante da taxa de redução e o recíproco da temperatura absoluta para o minério com baixo teor de manganês e briquetes de coque é mostrada nas figuras 10-11, a partir das quais fica claro que o briquete tem energia de ativação para o primeiro modelo = 10,31 kJ/mol, enquanto para o segundo modelo a energia de ativação = 22,96 kJ/mol

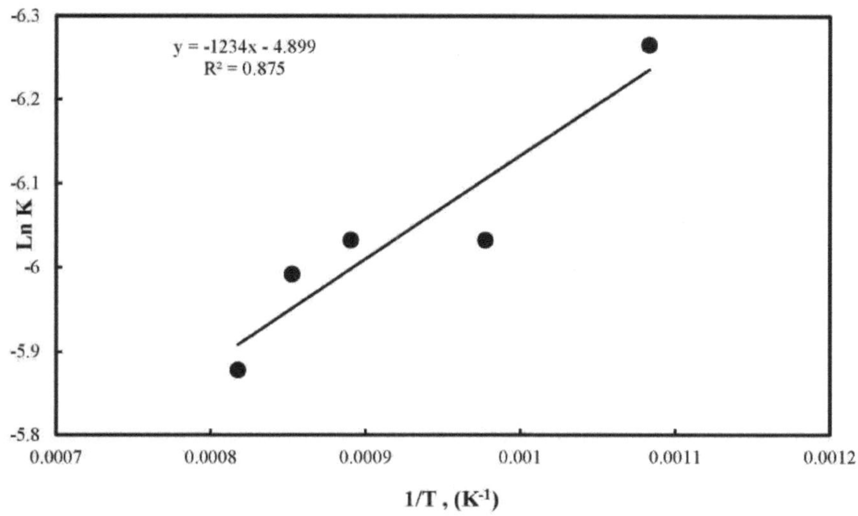

Fig.10. Relação entre o recíproco da temperatura absoluta 1/T e lnK (gráfico de Arrhenius para a reação de redução) para a equação modelo $1-(1- R)_{0,333}$

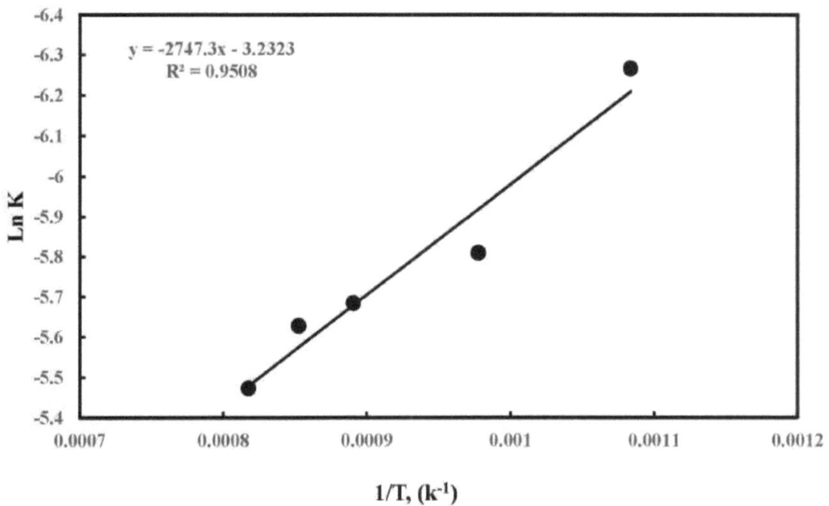

Frig. 11. A relação entre o recíproco da temperatura absoluta 1/T e lnK (gráfico de Arrhenius para a reação de redução) para a equação modelo R+(1-R)Ln(1-R)

3.5. Análises de raios X do briquete reduzido

A figura 12 mostra as análises de raios X da amostra reduzida a 950° C, mostrando que as principais fases formadas são a magnetite, a jacobsite sintética e o óxido de ferro e manganês, enquanto que o ferro metálico não está presente, o que significa que a redução ao ferro necessita de uma temperatura superior a 950° C.

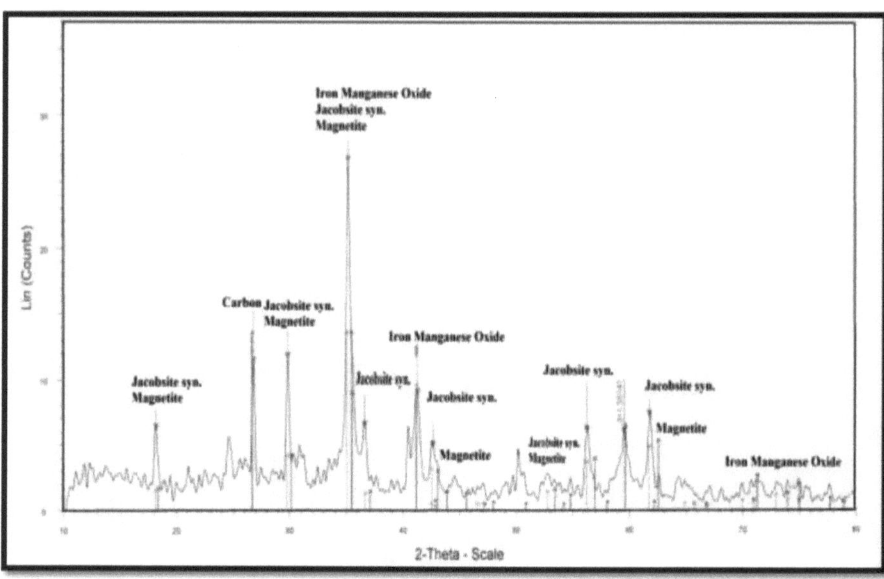

Fig. 12. Raio X da amostra reduzida por coque de brisa a 950OC (tempo 60 min).

Conclusões

1-A carga de pressão de prensagem no processo de briquetagem de minério de manganês de baixo grau com pó de brisa de coque aumentou tanto a resistência ao dano por queda como a resistência à compressão.

2- O grau de redução do minério de manganês de baixo teor com briquetes de coque à temperatura constante aumentou com o aumento da percentagem de coque.

3- A taxa de redução do minério de manganês de baixo teor com briquetes de coque com uma quantidade constante de coque como agente redutor aumentou com o aumento da temperatura.

4- A cinética de redução do minério de manganês de baixo teor com briquetes de coque de brisa mostra que o processo de redução é controlado quer pelo mecanismo do modelo de volume contraído com energia de ativação = 10 kJ/mole quer pelo processo de difusão sólida com energia de ativação = 29,26 KJ/mole.

Referências

1- R.N. Sahoo, , P.K. Naik, e S.C. Das, "Leaching of manganese ore using oxalic acid as reductant in sulphuric acid solution", Hydrometallurgy 62, 157-163, (2001).

2- M.N. El Hazek, T.A. Lasheen e A.S. Helal, "Reductive leaching of manganese from low grade Sinai ore in HCl using $H O_{22}$ as reductant", Hydrometallurgy 84, 187-191, (2006).

3- Haifeng Su, Yanxuan Wen, Fan Wang, Yingyun Sun e Zhangfa Tong, "Reductive leaching of manganese from low-grade manganese ore in $H_2 SO_4$ using cane molasses as reductant", Hydrometallurgy 93,136-139, (2008).

4-Hala H. Abd El-Gawad, M. M. Ahmed, N. A. El-Hussiny e M. E. H. Shalabi, "Redução do minério de manganês egípcio de baixo grau através do hidrogénio a 800° C - 950 C°" , Open Access Library Journal, 1, 1: e427. julho de 2014.

5- Yubo Gao, "Pre-reduction and magnetic separation of low grade manganese ore", Mestrado em Ciências do Departamento de Engenharia Metalúrgica da Universidade de Utah, agosto de 2011.

6- Ismail Segkin Qardakli, M.Sc., "Produção de ferromanganês de alto carbono a partir de um minério de manganês localizado em Erzincan. Escola de Pós-Graduação em Ciências Naturais e Aplicadas da Universidade Técnica do Médio Oriente, Septe, setembro de 2010.

7- Bo Zhang e Zheng-Liang Xue, "Kinetics analyzing of direction reduction on manganese ore pellets containing carbon", International Journal of Nonferrous Metallurgy, 2, 116-120, 2013.

8- K. Mayer, Pelletization of iron ores ,Springer -Verlag Berlin Heidelberg, Berlin Heidelberg , 1980.

9- N. M. Gaballah, A. F. Zikry, M. G. Khalifa, A. B. Farag, N. A. El-Hussiny e M. E. H. Shalabi , "Production of iron from mill scale industrial waste via hydrogen" , Open Journal ofInorganic Non-Metallic Materials, 3, 23-28, 2013.

10- N.A.El-Hussiny e M.E.H. Shalabi, Um produto intermédio auto-reduzido a partir de resíduos de siderurgia utilizando um processo de briquetagem, powder technology, 205,1-3.2011,217-223.

11- M.E.H. Shalabi, "Kinetic reduction of El-Baharia iron ore and its sinter in static bed by hydrogen", El-Tabbin Metallurgical Institute for Higher Studies, Cairo 1973.

12- S.A. Sayed, G.M. Khalifa, E.S.R. El-Faramawy e M.E.H. Shalabi, "Kinetic reduction of low manganes iron ore by hydrogen", Egyptian Journal of Chemistry, 45, 47-66, 2002.

13- S.A. Sayed, M.G. Khalifa, E.S R. El-Faramawy e M.E.H. Shalabi, "Reductions kinetic of El-Baharia iron ore in a static bed", Gospodarka Surowcami Mineranymi, 17, 241-245, 2001.

14- M.E.H. Shalabi, O.A. Mohamed, N.A. Abdel-Khalek e N.A. El-Hussiny, "The influence of reduced sponge iron addition on the quality of produced iron ore sinter", Proceeding of the XXIMPC, Aachen, 21-26 September 1997, 362-376.

15- N.A. El-Hussiny, N.A. Abdel-Khalek, M.B. Morsi, O.A.Mohamed, M.E.H. Shalabi e , A.M. Baraka, "Influência da quantidade de água adicionada no processo de sinterização do minério de ferro egípcio" , Gornictwo, 231, 93-115, 1996.

16- Ammar Khawam, e Douglas R. Flanagan , Solid-State Kinetic Models: Basics andMathematical Fundamentals ,J. Phys. Chem. B, 2006, 110 (35), 17315-17328

Parte 2

ESTUDO DA REDUTIBILIDADE DO MINÉRIO DE MANGANÊS EGÍPCIO DE BAIXO TEOR POR CARVÃO DE COQUE EM FORMA DE PELLETS

Capítulo 4

Introdução

Cerca de 90 a 95 de todo o manganês produzido no mundo é utilizado na produção de ferro e aço sob a forma de ligas como o ferromanganês e o silicomanganês. O manganês tem duas propriedades importantes na produção de aço: a sua capacidade de se combinar com o enxofre para formar MnS e a sua capacidade de desoxidação. Atualmente, cerca de 30% do manganês é utilizado na indústria siderúrgica pelas suas propriedades de formador de sulfuretos e desoxidante. Os restantes 70% do manganês são utilizados apenas como elemento de liga [1,2]

Yubo Gao [3] ilustrou que, devido à extração intensiva de minérios de manganês de alta qualidade durante muito tempo, deixando para trás os minérios de baixa qualidade, a utilização destes últimos tornou-se necessária. Existem várias diferenças físico-químicas entre os componentes dos minérios de manganês, que podem ser utilizadas para o enriquecimento de manganês. Em particular, os abundantes minérios de manganês de baixa qualidade, que contêm óxido de ferro, podem ser melhorados por pré-redução e separação magnética. O minério de manganês ferruginoso de baixa qualidade foi pré-reduzido por CO, que converteu o óxido de ferro em Fe_3O_4 , enquanto o óxido de manganês foi reduzido a MnO. Em seguida, o componente rico em ferro foi recolhido por separação magnética.

O objetivo deste trabalho é o estudo da redução de pelotas de minério de manganês de baixo teor por carvão de coque.

Capítulo 5

Trabalho experimental
5.1. Preparação das amostras

O minério de manganês de baixo teor utilizado neste trabalho foi fornecido pela Sinai ferromanganese Co. e a brisa de coque foi fornecida pela iron steel Co. Helwan Egypt A análise química do manganês de baixo teor é ilustrada no Quadro 1 [1,[4]   e a brisa de coque é ilustrada no Quadro 2 [5,6]

Quadro 1, Análise química do minério de manganês egípcio de baixo teor

Constituent	Weight %
Fe total	23.2
K_2O	0.25
Al_2O_3	2.3
MgO	0.95
CaO	2.4
P	0.2
Mn	28.6
SiO_2	15.3
Na_2O	0.2

Quadro 2, Análise química da brisa de coque

Constituent	Weight %
Ash	10.26
V.M	1.08
S	1.04
Fixed Carbon	86.992

A análise de raios X do minério de manganês de baixo grau é ilustrada na Fig.l. A partir da qual é claro que o minério de manganês de baixo grau consiste principalmente em pirolusite, hematite e quartzo. Enquanto a figura 2 ilustra a radiografia da brisa de coque, a partir da qual é claro que o principal componente da brisa de coque é a grafite, o quartzo SiO_2 e a calcite.[5,6]

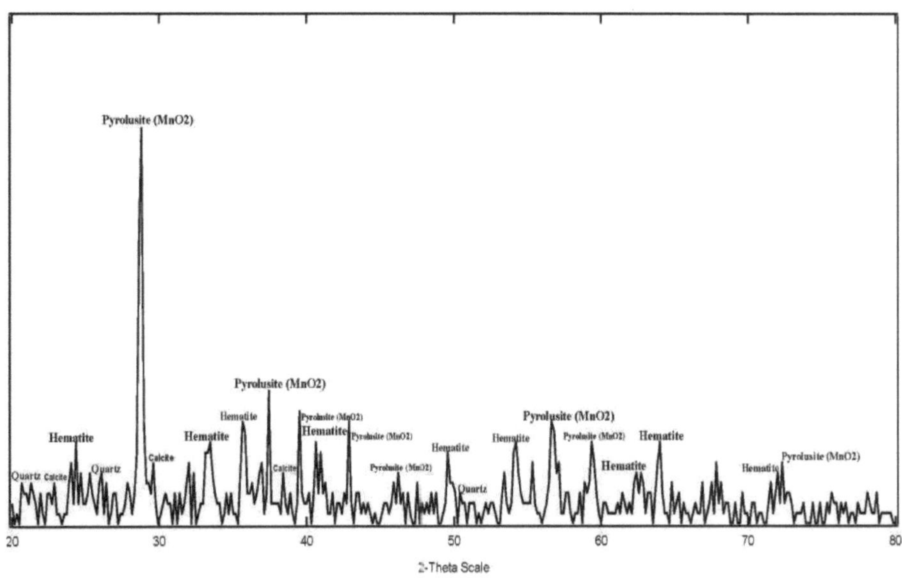

Fig.1. Grau de fluxo de raios X do minério de manganês

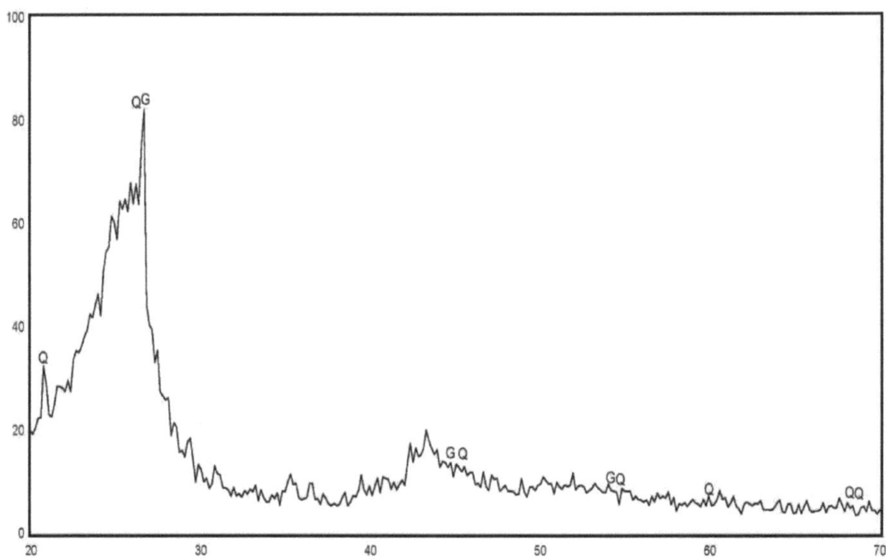

Fig.2. Radiografia da brisa de coque[G: - Grafite , Q: - Quartzo SiO_2 , C: - Calcite].

5.2. Preparação dos granulados e suas propriedades físicas

O minério de manganês de baixo teor e a brisa de coque foram triturados separadamente num moinho vibratório até se obter um pó com um tamanho inferior a 75 micrómetros. Em seguida, a peletização do minério de manganês de baixo teor com a pré-determinação da brisa de coque foi efectuada num peletizador de disco com 400 mm de diâmetro, 100 mm de altura de colar Fig. 3 [1] , ângulo de inclinação 60° C, velocidade de rotação do disco 17 rpm e tempo de residência 30 min. Os materiais foram alimentados na peletizadora. A quantidade de humidade pré-determinada (8,5% de água e 2,5% de melaço de carga adicionado) foi então pulverizada sobre o leito rolante de material na peletizadora de discos. Os grânulos verdes com um diâmetro de 5-7 mm foram peneirados para secar ao ar durante 3 dias, para garantir a evaporação de toda a água utilizada durante o processo de granulação

Fig. 3 Equipamento do peletizador de discos

As pastilhas verdes e secas foram submetidas a testes de número de gotas e de resistência ao esmagamento. O ensaio de resistência ao esmagamento utilizou a prensa hidráulica MEGA.KSC-10) Fig.4 O número de queda indica a frequência com que os granulados verdes e secos podem ser largados de uma altura de 46 cm antes de apresentarem fissuras perceptíveis ou se desfazerem. Dez granulados verdes e secos são deixados cair individualmente sobre uma placa de aço. O número de quedas é determinado para cada granulado. A média aritmética dos valores do comportamento de esfarelamento dos dez grânulos dá o número de gotas[7-13]. Os testes de resistência à compressão de pelo menos 10 grânulos, entre placas de aço paralelas da MEGA.KSC até à sua rutura. O valor médio das pastilhas testadas dá a sua resistência à compressão. [7-13]

Fig.4 Prensa hidráulica MEGA.KSC-10

5.3 Procedimentos de redução.

A redução do baixo teor com pellets de coque de brisa foi efectuada num aparelho termogravimétrico. Este esquema é semelhante ao apresentado noutros locais [14-20] (Figura 5). Consiste num forno vertical, numa balança eletrónica para monitorizar a alteração de peso da amostra em reação e num controlador de temperatura. A amostra foi colocada num cadinho de níquel-crómio que foi suspenso sob a balança eletrónica por um fio de Ni- Cr. A temperatura do forno foi aumentada até à temperatura pretendida (600º C - 950º C) e mantida constante a ±5OC. De seguida, as amostras foram colocadas na zona quente. O caudal de azoto foi de 0,5 l/min durante todo o tempo de redução. O peso da amostra foi registado continuamente e, no final do processo, as amostras foram retiradas do forno e colocadas nos exsicadores.

A percentagem de redução foi calculada de acordo com as seguintes equações:

Percentagem de redução = [(Wo -Wt) x100x16/28 x Massa de oxigénio]

Onde:

Wo: a massa inicial da amostra

Wt: massa da amostra após cada tempo, t.

Massa de oxigénio: indica a massa total de oxigénio em percentagem na amostra sob a forma de FeO, Fe O_{23} e óxido de manganês.

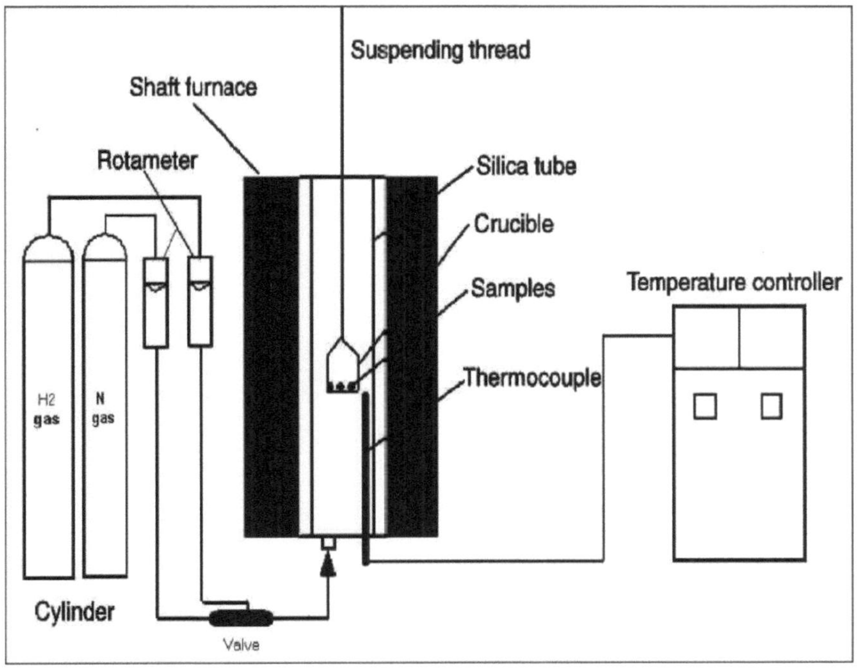

Figura 5. Diagrama esquemático do aparelho de redução

Capítulo 6

Resultados e dissecções

6.1 Efeito da adição de materiais de brisa de coque na qualidade das pelotas produzidas

Figs. 6-9. Ilustram o efeito da percentagem de brisa de coque adicionada no número de gotas (resistência ao dano por gota) e na força de esmagamento a frio dos grânulos verdes e secos. É evidente que, à medida que a quantidade estequiométrica de brisa de coque adicionada aos grânulos aumenta, tanto a resistência ao dano por queda como a força de esmagamento diminuem para os grânulos verdes e secos. .

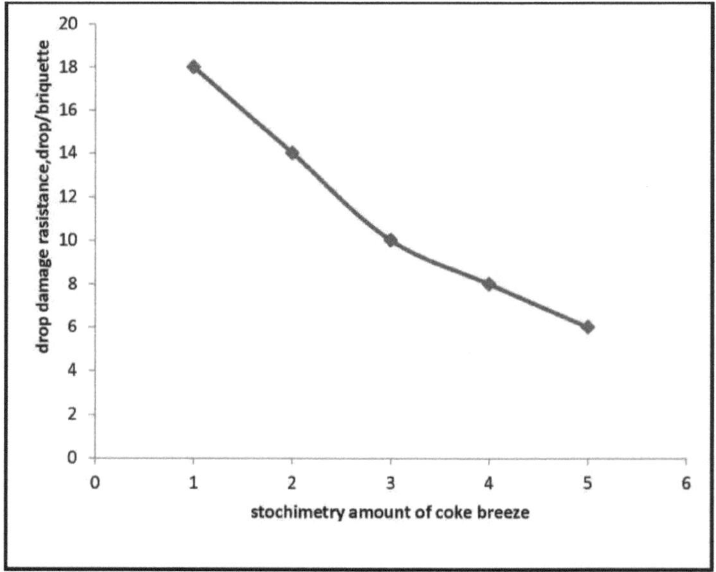

Fig. 6 Relação entre a quantidade de brisa de coque presente nas pelotas e o número de gotas de pelotas verdes.

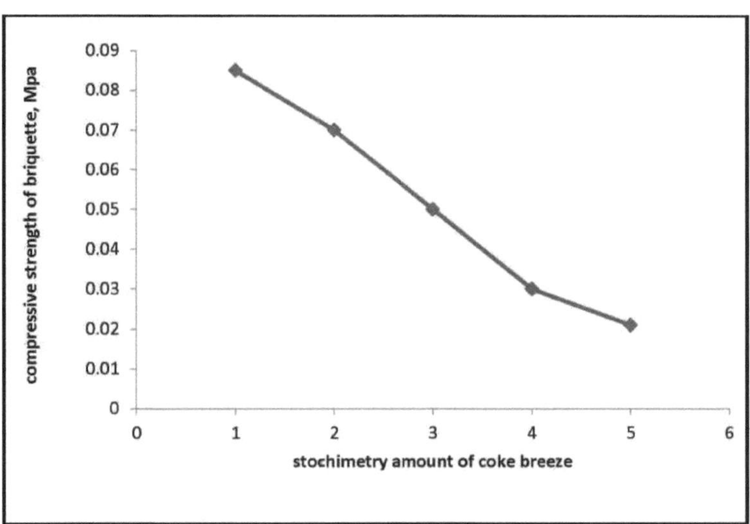

Fig. 7 Relação entre a quantidade de brisa de coque presente nas pelotas e a resistência das pelotas verdes .

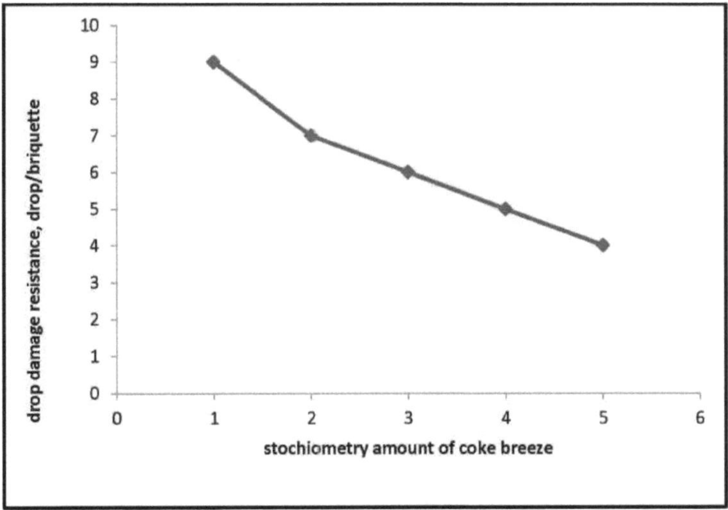

Fig. 8 Relação entre a quantidade de brisa de coque presente nas pelotas e o número de gotas das pelotas secas.

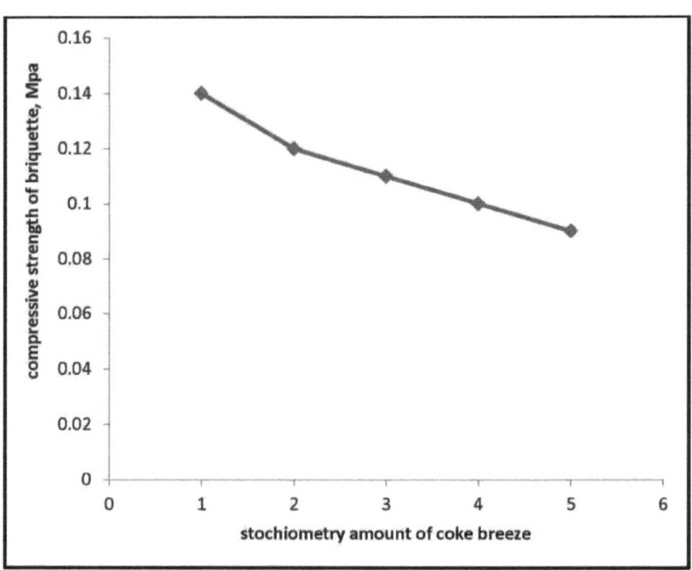

Fig. 9 Relação entre a quantidade de brisa de coque presente nas pelotas e a resistência das pelotas secas .

6.2 Efeito da estequiometria da brisa de coque no grau de redução do minério de manganês de baixo teor

A reação foi realizada a uma temperatura constante de 900° C e a um caudal de azoto de ½ L e a um peso constante da amostra. A Fig. 10 ilustra a relação entre o grau de redução do minério de manganês de baixo teor e as diferentes quantidades estequiométricas de coque de brisa utilizadas. É evidente que, à medida que a quantidade estequiométrica de brisa de coque aumenta, a percentagem de redução do minério de manganês de baixo teor aumenta.

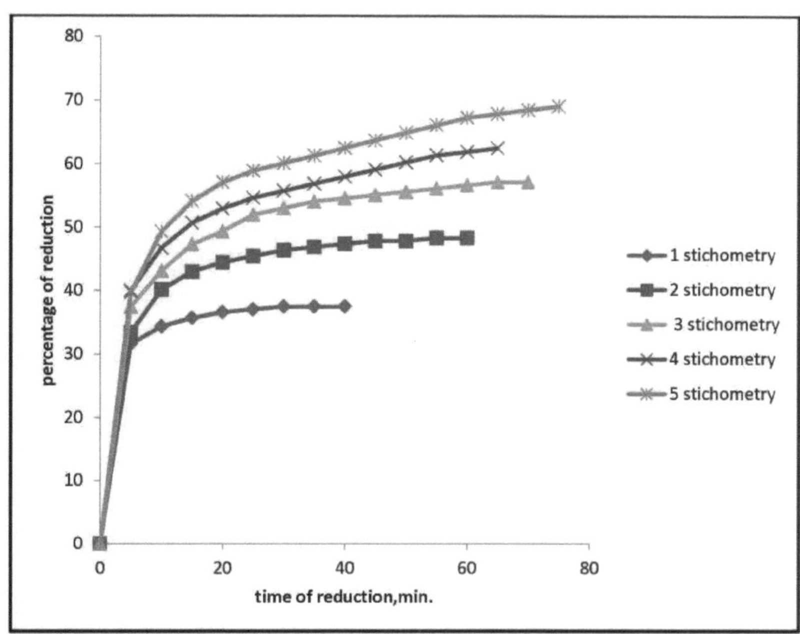

Fig. 10 Relação entre o grau de redução do minério de manganês de baixo teor e diferentes quantidades estequiométricas de coque a 900 C°

6.3 Efeito da variação da temperatura no grau de redução das pelotas de minério de manganês de baixo grau por quantidade constante de coque de brisa (5 stochiometric)

Os resultados da investigação da mudança de temperatura de 600 oC para 950 oC são apresentados na Figura 11. É evidente que o aumento da temperatura favorece a taxa e o grau de redução. A análise das curvas investigadas relacionando a percentagem de redução e o tempo de redução do branqueamento do trabalho investigado mostra que cada curva apresenta 2 valores diferentes de taxas de redução. O primeiro valor é alto, enquanto o segundo é um pouco mais lento. O aumento da percentagem de redução com o aumento da temperatura pode dever-se ao aumento do número de moles em reação com excesso de energia, o que leva ao aumento da taxa de redução [21] . Também o aumento da temperatura leva a um aumento da taxa de transferência de massa da difusão e da taxa de dessorção [22-23].

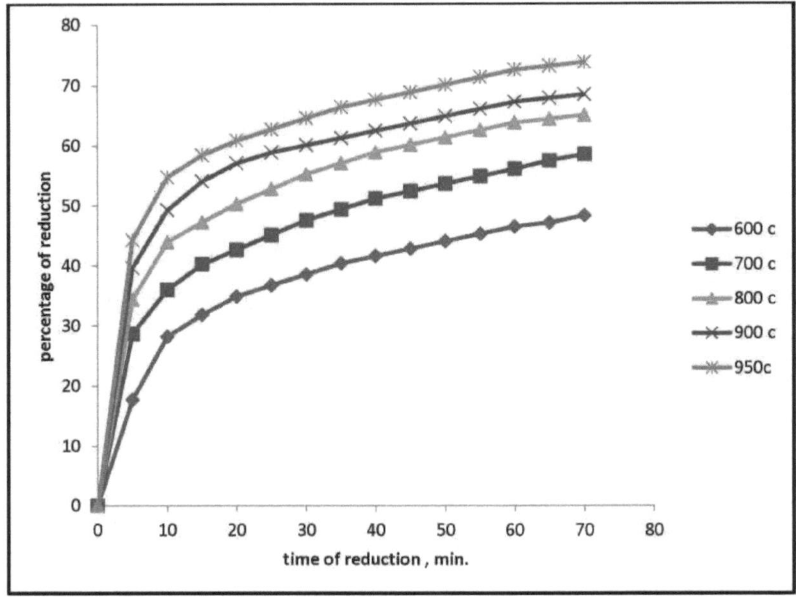

Fig.11 O efeito da mudança de temperatura no grau de redução das pelotas de minério de manganês de baixo grau por quantidade constante de coque de brisa (5 stochiometric)

6.4 Cinética de redução de minério de manganês de baixo teor por coque de brisa na forma de pelotas.

Foram efectuados estudos cinéticos para estimar as energias de ativação aparentes para as pastilhas a diferentes temperaturas, desde 600° C até 950° C, para diferentes intervalos de tempo na gama de 10 a 70 min.
Utilizar:

1- equação de controlo do processo de difusão (equação de Jander e Anorg) [24]

$[1 - (1-R)^{1/3}]^2 = kt$

Onde R é a redução fraccionada, t é o tempo de redução, κ é a constante de velocidade.

A Fig.12 ilustra a relação entre $[1 - (1-R)^{1/3}]^2$ e o tempo de redução para diferentes temperaturas de redução. A partir da qual é evidente que foi observada uma linha reta.

Os logaritmos naturais foram utilizados de acordo com a equação de Arrhenius para calcular as energias de ativação da reação de redução. Os resultados estão ilustrados na Fig.12 , de onde se conclui que a energia de ativação= 53,37kJ/ mole .

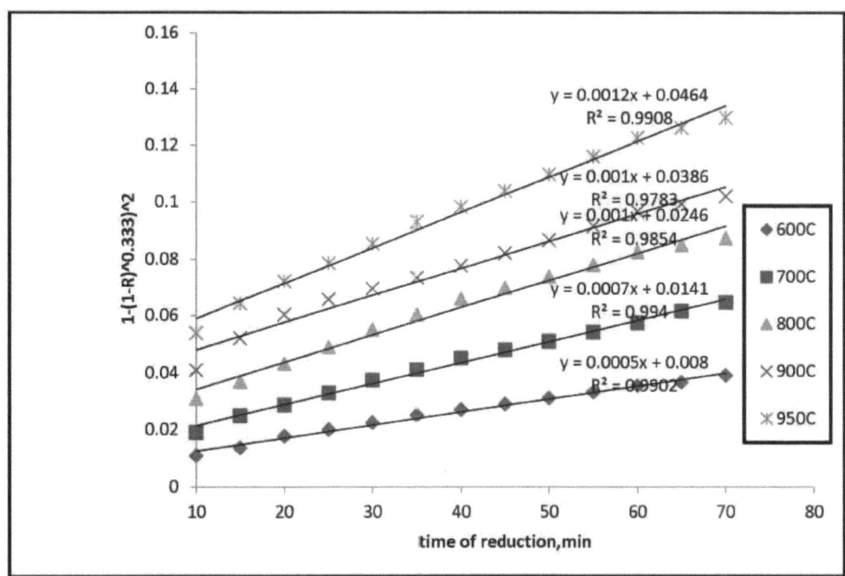

Fig.12 a relação entre $[1 - (1-R)]^{1/32}$ e o tempo de redução para diferentes temperaturas de redução.

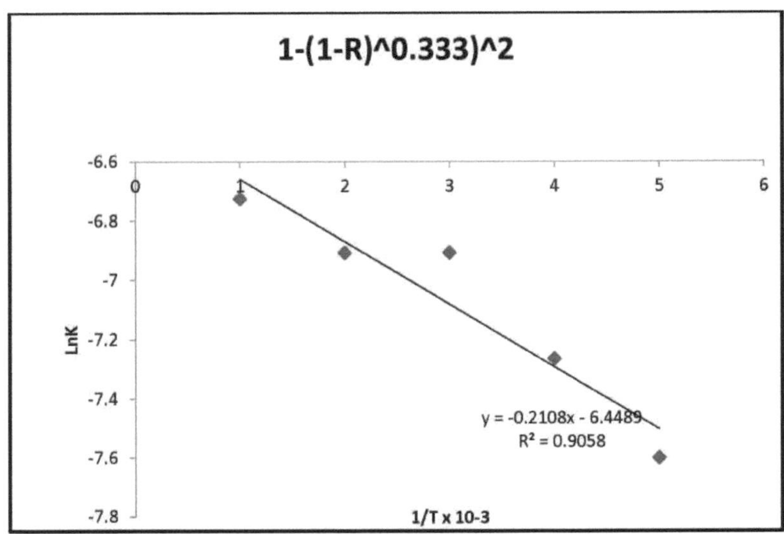

Fig.13 Relação entre ln κ e 1/T

2- utilizando o modelo de difusão de Ginstling-Brounshtein [24]

$$K\,t = 1 - (2/3)R - (1 - R)^{2/3}$$

Onde R é a redução fraccionada, t é o tempo de redução, κ é a constante de velocidade.

A Fig.14 ilustra a relação entre $1 - (2/3)R - (1 - R)^{2/3}$ e o tempo de redução para diferentes temperaturas de redução. A partir da qual é evidente que foi observada uma linha reta.

Os logaritmos naturais foram utilizados de acordo com a equação de Arrhenius para calcular as energias de ativação da reação de redução. Os resultados estão ilustrados na Fig. 15, de onde se conclui que a energia de ativação é de 56,53 kJ/ mol.

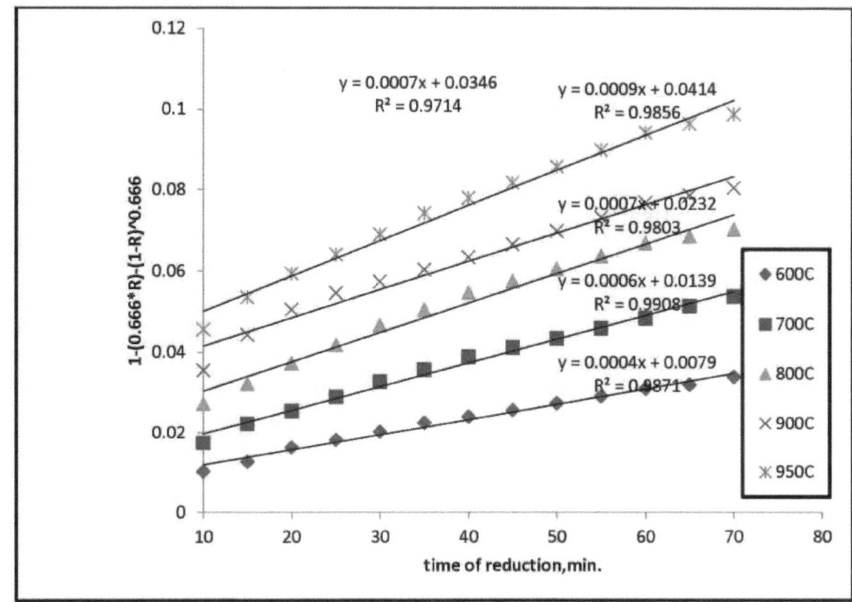

Fig.14 A relação entre $1 - (2/3)R - (1 - R)^{2/3}$ contra o tempo de redução para diferentes temperaturas de redução .

Conclusões

1) A resistência à compressão e a resistência ao dano por queda do minério de manganês de baixo grau húmido e seco com pellets de brisa de coque diminuíram com o aumento da quantidade de brisa de coque

2) As taxas de redução de minério de manganês de baixo grau com brisa de coque aumentaram com o aumento da temperatura de redução de 600 para 950° C.

3) A taxa de redução aumentou com o aumento da quantidade de brisa de coque a uma temperatura constante.

5) O processo de difusão através das pastilhas produzidas é a etapa de controlo da redução e a redução tem uma energia de ativação = 53,37 ou 56,43 kJ/ mol.

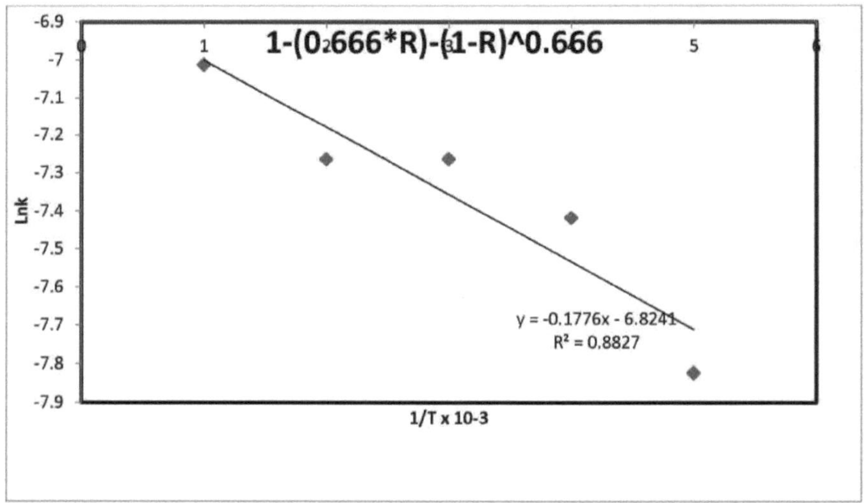

Fig.15 Relação entre In κ e 1/T

Referências

1-N.A. El-Hussiny , Hala H. Abd El-Gawad , F.M. Mohamed F , M.E.H. Shalabi, Peletização e Redução de Pelotas de Minério de Manganês de Baixo Grau Egípcio via Hidrogénio a 750-950º C. , Revista Internacional de Pesquisa Científica e de Engenharia, Volume 6, Edição 5, maio-2015 ., 339 -346.

2-Ismail Segkin Qardakli, M.Sc., "Production of high carbon ferromanganese from a manganese ore located in Erzincan", The graduate school of natural and applied sciences ofMiddle East technical university, setembro de 2010.

3-Yubo Gao, "Pre-reduction and magnetic separation of low grade manganese ore", Mestrado em Ciências, Departamento de Engenharia Metalúrgica da Universidade de Utah, agosto de 2011.

4-Hala H. Abd El-Gawad, M.M. Ahmed , N.A. El-Hussiny , M.E.H. Shalabi ., "Redução do minério de manganês egípcio de baixo grau através do hidrogénio a 800º C - 950 Cº" , Open Access Library Journal, 1, 1: e427. julho de 2014

5- Naglaa.A.El-Hussiny,Ahmed.A.Khalifa, Ayman.A.El-Midany, Ahmed.A.Ahmed, Mohamed.E.H.Shalabi, "Efeito da substituição da brisa de coque por carvão vegetal na operação técnica de sinterização de minério de ferro". Revista Internacional de Investigação Científica e de Engenharia, 6, 2,681 - 686, fevereiro-2015.

6- N.M. Hashem , B.A. Salah , N.A. El-hussiny , S.A. Sayed , M.G. Khalifa , M.E.H. Shalabi ,Cinética de redução do minério de ferro de El-Baharia (Egipto) através de coque breezem*International Journal of Scientific & Engineering Research, Volume 6, Issue 8, August-2015 339-345

7- K. Mayer, "Pelletization of Iron Ores". Springer-Verlag, Berlim. Heidelberg, 1980

8- Y.M.Z. Ahmed , F.M. Mohamed , N.A. EL-Hussiny e M.E.H. Shalabi , PELLETIZATION OF HETEROGENEOUS IRON CONCENTRATES FOR BLAST

FURNACE OPERATIONS , Canadian Metallurgical Quarterly, Vol 44, No 1 pp 95-102, 2005

9- S.P.E. Forsmo,A.J. Apelqvist, B.M.T. Bjorkman, e P.O. Samskog, Binding mechanisms in Wet iron ore green pellets with a bentonite binder, Powder Technology 169,pp. 147-158,(2006).

10- S.P.E. Forsmo, P.O. Samskog, e B.M.T. Bjorkman , A study on plasticity and compression strength in wet iron ore green pellets related to real process variations in raw material fineness, Powder Technology 181 ,pp.(2008) 321-330,(2008).

11-Naglaa Ahmed El-Hussiny ,Inass Ashraf Nafeaa ,Mohamed Gamal Khalifa , Sayed Thabt.Abdel-Rahim,Mohamed El Menshawi Hussein.Shalabi ." Sintering of the Briquette Egyptian Iron Ore with Lime and Reduction of it via Hydrogen", International Journal of Scientific & Engineering Research, Volume 6, Issue 2, February-2015 ,1318-1324.

12- Nagwa Mohamed Hashem , Bahaa Ahmed Salah ,, Naglaaa Ahmed El-hussiny , Said Anwar Sayed , Mohamed Gamal Khalifa . Mohamed El-Menshawi Hussein Shalabi," Reduction kinetics of Egyptian iron ore by non coking coal" , International Journal of Scientific & Engineering Research, Volume 6, Issue 3, March-2015 ,846 - 852.

13- Naglaa Ahmed El-Hussiny, Atef El-Amir, Saied Thabet Abdel-Rahim, Khaled El hossiny, Mohamed El-Menshawi Hussein Shalabi , "Cinética de redução direta titanomagnetita concentrado briquete produzido a partir de rossetta-ilmenita via hidrogênio",OALibJ,DOI:10.4236/oalib.1100662 2 de agosto de 2014 | Volume 1 | e662.

14- . N.A. El-Hussiny e M.E.H. Shalabi , "A self reduced intermediate product from iron and steel plants waste materials using a briquetting process.", Powder Technology. 205; 1-3 : p. 217-223, 2011.

15- N.A. El-Hussiny, M.E.H. Shalabi, "Estudo da peletização do concentrado de ilmenite da Rosseta com brisa de coque utilizando melaço e cinética de redução dos pellets produzidos a 800-1150 °C.", Science ofSintering,2012, pp. 113-126,2012

16- Hala H. Abd El. Gawad , El-Hussiny N.A. , Marguerite A. Wassef, Khalifa M. G. , Aly A. A. Soliman , Shalabi M. E. H . Estudo de Redutibilidade de Briquetes e Pó de Minério de Ilmenite Rossetta com Brisa de Coque a 800-1100° C, *Science of Sintering*, 45 (2013) 79-88

17- Naglaa.A.El-Hussiny,Ahmed.A.Khalifa, Ayman.A.El-Midany, Ahmed.A.Ahmed, Mohamed.E.H.Shalabi, "Efeito da substituição da brisa de coque por carvão vegetal na operação técnica de sinterização de minério de ferro". Revista Internacional de Investigação Científica e de Engenharia, 6, 2,681 - 686, fevereiro-2015

18- Naglaa Ahmed El-Hussiny ,Inass Ashraf Nafeaa ,Mohamed Gamal Khalifa , Sayed Thabt.Abdel- Rahim,Mohamed, El-Menshawi Hussein.Shalabi," Sinterização do briquete de minério de ferro egípcio com cal e redução do mesmo através de hidrogénio", International Journal of Scientific & Engineering Research, 6, 2, 1318-1324, fevereiro-2015.

19- N. M. Gaballah , A. A. F. Zikry, N. A. El-Hussiny, M. G. El-D. Khalifa, A. El-F. B. Farag, M. E. H. Shalabi, "Redutibilidade de resíduos industriais em escala de moinho via brisa de coque a 850-950⁰ C", Science ofSintering, 47, 103-113, 2015.

20-1. A. Nafeaa , A. F. Zekry , M. G Khalifa. , A. B. Farag , N. A. El- Hussiny , M. E. H. Shalabi , Cinética da reação de torrefação de carbonato de sódio e concentrado de minério de ilmenite para a formação de titanatos de sódio, *Science of Sintering,* 47 (2015) 319329

21. M.E.H. Shalabi, O.A. Mohamed , N.A. Abdel-Khalek , e N.A. El-Hussiny , The influence of reduced sponge iron addition on the quality of produced iron ore sinter,

proceeding of the XXIMPC, Aachen, P. (362-376), September (21-26), [1997].

22. S.A. Sayed, G.M. Khalifa, E.S.R. El-Faramawy e M.E.H. Shalabi, cinética de redução do minério de ferro de El-Baharia num leito estático, Gospodarka Surowcami Mineranymi, Vol.17 - número especial, (241-245), [2001].

23. S.A. Sayed, G.M. Khalifa, E.S.R. El-Faramawy e M.E.H. Shalabi, Kinetic reduction oflow manganes iron ore by hydrogen, Egypt. J. Chem, 45 No. 1. (47- 66), [2002].

24-Ammar Khawam e Douglas R. Flanagan , Solid-State Kinetic Models: Basics and Mathematical Fundamentals , *J. Phys. Chem. B* 2006,*110,* 17315-17328

Buy your books fast anc straightforward online - at one of world's fastest growing online book stores! Environmentally sound due to Print-on-Demand technologies.

Buy your books online at
www.morebooks.shop

Compre os seus livros mais rápido e diretamente na internet, em uma das livrarias on-line com o maior crescimento no mundo! Produção que protege o meio ambiente através das tecnologias de impressão sob demanda

Compre os seus livros on-line em
www.morebooks.shop

Printed by Books on Demand GmbH, Norderstedt / Germany